Te 151
ƒ 62
B

DU

GENÉVRIER,

SES CARACTÈRES BOTANIQUES,

SA COMPOSITION CHIMIQUE, SON ACTION PHYSIOLOGIQUE;

APPLICATION THÉRAPEUTIQUE

DE

L'ÉTHÉROLÉ DE GENIÈVRE

AU TRAITEMENT DE LA GRAVELLE ET DES CALCULS BILIAIRES,

PAR A. DURAND,

PHARMACIEN A GRAY (HAUTE-SAONE).

Le meilleur remède est celui qui guérit
sans danger.
(ORFILA.)

———⸶⸷⸸⸷———

BESANÇON,

IMPRIMERIE ET LITHOGRAPHIE DE J. JACQUIN,

Grande-Rue, 14, à la Vieille-Intendance.

1868.

Le dépôt formé par l'urine soit dans les reins, soit dans la vessie, se présente sous la forme d'une poudre très fine. Parmi les corps constituants de l'urine, se trouve le mucus. Si l'on examine de l'urine placée entre l'œil et la lumière, on y aperçoit un léger nuage de mucus suspendu dans le liquide à des hauteurs différentes; par la filtration au travers du papier, le mucus restera à la surface du filtre sous forme d'une couche très mince semblable à un vernis. C'est ce mucus, analogue à du blanc d'œuf, qui fait adhérer les uns aux autres, pour former des graviers, les grains de poudre très fins qui composent les dépôts urinaires. Une fois un gravier formé, il augmente de volume par l'addition successive des couches sablonneuses fixées par le mucus.

Quand un gravier est arrivé à une certaine grosseur, il prend le nom de calcul ou de pierre.

La propriété essentielle de l'*Ethérolé de genièvre* est de dissoudre le mucus qui réunit entre eux les grains de sable dont sont formés les graviers. Si dans un flacon contenant de cet *Ethérolé* on place un gravier, celui-ci se désagrége : le mucus étant dissous, le sable très fin, devenu libre, se trouve au fond du flacon.

Le mucus et le sable se réunissant ne donnent pas toujours naissance à des calculs; il arrive souvent que les parois internes de la vessie se trouvent tapissées de cette espèce de mortier; les contractions de la vessie lors de l'émission de l'urine se font incomplétement ; de là la nécessité d'uriner souvent.

Nous avons dit que l'*Ethérolé* désagrégeait les graviers. En effet, après avoir fait usage pendant quelques jours de cette préparation, le malade peut voir en suspension dans l'urine un nuage assez souvent semblable à une toile d'araignée ; c'est le mucus, et la poussière sédimenteuse qui est au fond du vase est la poudre des graviers ou du calcul.

Que le lendemain d'un repas succulent arrosé de vins généreux, l'urine dépose un sédiment rouge, ce n'est pas un grand mal ; la nature est là pour maintenir l'équilibre, conserver ce qui est nécessaire et éliminer le superflu.

Mais il arrive que, soit par l'âge , soit par faiblesse d'organes, soit par fatigue et lassitude des reins , le fonctionnement n'est plus régulier ; les sels en excès , au lieu d'être éliminés, se maintiennent en partie dans les reins, leur agrégation finit par composer un gravier dont la grosseur ou la disposition angulaire obstrue le canal qui unit les reins à la vessie, et donne lieu à une colique (colique néphrétique), qui ne cesse que lorsque l'effort de progression est devenu assez énergique pour déplacer le gravier et le transporter dans la vessie.

D'autre part, une partie des sels concourant à la production de ces concrétions urinaires circule avec le sang dans l'ensemble des organes, et finit par se fixer dans les endroits où la circulation, moins active ou brisée dans son parcours, facilite leur dépôt ; c'est ainsi que ce temps d'arrêt s'opère dans les articulations , dont les mouvements ne tardent pas à être ankylosés : c'est l'affection qui constitue *la goutte*.

DU GENÉVRIER.

Caractères botaniques et propriétés générales.

Le *Genévrier* est un genre de plante de la famille des *Cupressinées,* composé d'arbres et d'arbustes à feuilles linéaires, toujours vertes, à fleurs monoïques, les mâles en chaton ovoïde, les femelles en chaton arrondi, formant plus tard une *baie* de la grosseur d'un pois, à deux ou trois noyaux.

Le genévrier croît en France, dans les lieux âpres, stériles, rocheux, montagneux, il n'est chez nous qu'un arbrisseau ; mais dans le midi c'est un arbre qui s'élève à une hauteur de 6 à 7 mètres.

Le bois du genévrier ordinaire (*juniperus communis*) n'a que peu d'odeur et une saveur légèrement balsamique ; on n'en retire par l'analyse qu'une très petite quantité d'huile essentielle ; mais ses principes résineux et gommeux sont plus abondants. Le bois a une activité inférieure aux baies dans les maladies où celles-ci sont indiquées.

Les sommités du *genévrier* sont regardées comme *diuretiques* et comme très propres à guérir l'*hydropisie.*

Les baies ont une saveur en même temps douce, aromatique et un peu amère. La saveur douce est due au principe gommeux qu'elles contiennent en grande quantité, et leur amertume à la partie résineuse, qui est aussi fort abondante. Ces baies, quoique très communes, sont cependant un des meilleurs médicaments qui existent; elles augmentent légèrement le cours des urines, auxquelles elles communiquent une odeur de violette, rendent la transpiration insensible plus abondante, donnent plus d'activité à l'estomac et aux intestins affaiblis par les humeurs séreuses. On les emploie avec succès contre les affections flatulentes, l'hydropisie, la suppression des règles, les fièvres intermittentes et malignes, etc. Jetées sur des charbons allumés, elles répandent une odeur aromatique et forte. Ce parfum réveille l'action du système nerveux, et peut être utile dans l'asthme humide, la toux catarrhale et la phthisie pulmonaire.

Les propriétés excitantes des baies de genièvre exercent sur l'économie une action physiologique qui se transmet à d'autres organes que l'estomac, ce qui les a fait prescrire, dès le dernier siècle, contre les affections des voies urinaires, la néphrite calculeuse, les obstructions abdominales, le scorbut, quelques maladies de la peau et rhumatismales.

En Russie, on fait un fréquent usage de la poudre de baies du *juniperus communis*, mélangée avec les baies de laurier. Qn en fait d'excellentes frictions contre les affections psoriques.

Dans les environs d'Alais (Gard), on distille les branches des vieux genévriers pour obtenir l'*huile de cade*, employée avec le plus grand succès contre les affections chroniques de la peau, la gale, le lichen, les eczémas. C'est le docteur Ferry, d'Alais, ainsi que le docteur Serre, qui ont fait connaître les propriétés de cette huile, et qui l'ont préconisée comme une ressource de plus dans le traitement des dartres sécrétantes et dans les ophthalmies scrofuleuses.

II.

Composition chimique du genévrier.

Le bois du *juniperus* a donné à Stolz par la distillation (1) :

1° Acide pyroligneux.	45	80
2° Huile empyreumatique	10	73
3° Charbon	22	70
4° Gaz	20	77
	100	»

Les baies de genévrier ont donné à Trommsdorff :

1° Huile volatile	1	»
2° Cire	4	»
3° Résine	10	»
4° Sucre avec de l'acétate et du malate de chaux.	33	8
5° Gomme avec des sels végétaux	7	»
6° Fibre ligneuse	35	»
7° Eau	12	9
8° Excès	3	7
	107	4

III.

Action physiologique du genévrier.

Ces analyses expliquent les propriétés stimulantes, diurétiques, toniques et diaphorétiques du genévrier.

1° Comme *stimulants*, le genévrier et ses préparations se rapprochent des propriétés du *laurus sassafras*.

2° Comme *diurétiques*, ils augmentent la sécrétion uri-

(1) Traité des Essais de Berthier, tome Ier, page 248.

naire, qui, à son tour, élimine du sang l'eau en excès, et
avec cette eau, les substances solubles non volatiles, qui
n'ont point été assimilées, ainsi que certaines matières spé-
ciales (urée, acide urique), produits de la désassimilation.

3° Comme *toniques*, le genévrier et ses préparations ont
des effets immédiats peu appréciables d'abord, mais peu à
peu l'appétit devient de plus en plus prononcé, les digestions plus faciles, plus promptes, et la constipation se ma-
nifeste.

Dans quelques cas cependant, où la constipation naturelle
est le résultat même de l'atonie du canal intestinal, les effets
ordinaires des toniques sont de solliciter l'action péristal-
tique des intestins ; c'est ainsi que chez les sujets débiles et
très constipés, les décoctions de bois de genièvre provoquent
quelquefois plusieurs évacuations alvines, un ou deux jours
de suite ; mais cet effet, ordinairement passager, cesse bientôt pour faire place de nouveau à la constipation. Cette pre-
mière impression sur les organes de la digestion est bientôt
suivie d'une réaction sur l'appareil circulatoire ; les batte-
ments du cœur et des artères deviennent notablement plus
forts et plus résistants, sans être cependant plus fréquents
comme dans l'action des stimulants. Les mouvements d'ins-
piration et d'expiration sont plus développés et plus pro-
fonds, à cause de l'énergie qu'imprime l'action des toniques
à tout le système. Ces effets sont, au reste, dit Guersant,
d'autant plus prononcés, que l'individu qui est soumis à
l'emploi des agents toniques est plus débile et que ses fonctions digestives sont plus faibles. C'est à cette action corro-
borante, communiquée d'abord aux organes de la digestion
et transmise ensuite à ceux de la circulation et de la respira-
tion, qu'il faut attribuer l'assimilation plus parfaite des liquides et la nutrition plus abondante qui en est une consé-
quence naturelle. L'absorption s'exécute avec plus d'énergie

sous l'influence des toniques, d'abord à l'intérieur du canal intestinal, comme le prouve la constipation presque constante qui les accompagne, et ensuite dans toutes les cavités et dans le tissu cellulaire sous-cutané. Les infiltrations œdémateuses des convalescents cèdent ordinairement à l'influence des toniques, administrés soit à l'intérieur, soit à l'extérieur, les sécrétions s'opèrent d'une manière plus uniforme, plus régulière et dans des conditions plus favorables à la santé, les urines trop abondantes et aqueuses diminuent de quantité, se colorent davantage et contiennent plus d'acide urique; les sueurs partielles trop abondantes ou nulles sont remplacées par une douce moiteur de la peau et une perspiration insensible presque constante; la peau elle-même prend une teinte de vie qu'elle n'avait pas; et les organes de relation participent d'une manière plus ou moins prononcée à l'impulsion donnée par la médication tonique; les organes des sens exécutent leurs fonctions avec plus de facilité, les forces musculaires se développent graduellement, et tous les appareils reçoivent un accroissement d'énergie.

IV.

Action sudorifique du genévrier.

On a voulu autrefois, disent MM. Trousseau et Pidoux, distinguer les médicaments qui portent à la peau en *diaphorétiques* et en *sudorifiques*, réservant aux premiers le pouvoir limité d'activer l'exhalation cutanée jusqu'à la transpiration insensible inclusivement, attribuant aux seconds la faculté plus énergique d'élever cette exhalation jusqu'à ce point que, condensée à la surface de la peau et revêtant l'état liquide, elle y prenne le nom de *sueur*. Il n'y a là que des degrés, mais aucun fondement à une distinction raisonnable et naturelle. Les sudorifiques se rencontrent dans les trois règnes de la nature ; parmi les plantes , bien qu'elles soient toutes plus ou moins sudorifiques lorsqu'on prend chaudes leurs infusions ou leurs décoctions, le *genévrier* et la *sauge*, l'*angélique*, la *serpentaire de Virginie*, possèdent plus particulièrement cette vertu.

Les effets sudorifiques secondaires , c'est-à-dire dépendant de plusieurs médications différentes, ont été reconnus et constatés par les praticiens de tous les âges; mais existe-t-il quelques substances médicamenteuses qui jouissent de la propriété immédiate et directe d'augmenter la perspiration cutanée et de provoquer la sueur ? Les médecins sur ce point ne sont plus d'accord : les uns, frappés de l'inconcevable facilité avec laquelle les anciens admettaient pour chaque médicament des propriétés spécifiques fondées sur des observations superficielles ou inexactes, et des inconvénients attachés à toutes ces propriétés occultes, ont entièrement rejeté l'action sudorifique immédiate dans toutes les substances médicamenteuses, et ont rayé les sudorifiques de la classe des médicaments ; les autres, plus confiants dans les observations des anciens, accordent la propriété sudorifique à un grand nombre de substances médicamenteuses. Il est impossible, en effet, si on ne consulte que l'expérience, de ne pas admettre une propriété sudorifique immédiate inhérente à certaines substances, telles que le *genévrier*, la *sauge* et diverses autres plantes que nous avons citées. Ces sudorifiques, qui exercent par le système cutané une action spéciale, sont utiles dans tous les cas où il faut chasser par les sueurs des principes nuisibles à l'économie.

DE L'ÉTHÉROLÉ DE GENIÈVRE.

Le traitement par l'*éther* de l'huile empyreumatique ob-
tenue par la distillation des baies du *juniperus oxycedrus*,
nous a donné l'*Ethérolé de genièvre*, dont nous allons faire
connaître l'action physiologique et spécifique dans les maladies qui réclament son emploi.

Ces maladies sont :

1° La gravelle;

2° Les calculs vésicaux ;

3° La gravelle et les calculs biliaires.

DE LA GRAVELLE. — DES CALCULS VÉSICAUX.

Le mot *gravelle*, qui est un diminutif de *gravier*, ne saurait indiquer autre chose que des graviers très petits; mais
en pathologie, il doit désigner l'ensemble des symptômes qui
précèdent, suivent ou accompagnent la présence de ces concrétions dans les urines.

La gravelle est constituée tantôt par une poussière très
fine, et tantôt par de petits grains sablonneux, dont le volume
varie de celui d'une tête d'épingle à celui d'un pois environ.
Dans le premier cas, la poussière qui la forme est seulement mêlée à l'urine, et se reconnaît immédiatement sur les

parois et au fond du vase dans lequel ce liquide est rendu,
ou bien elle est en combinaison intime avec elle, et s'en sé-
pare seulement par le refroidissement. La poussière de la
gravelle est ordinairement jaunâtre ou rougeâtre, elle est
alors formée d'acide urique ; d'autres fois, elle est grise ou
blanchâtre, et composée de sels alcalins, phosphate de
chaux, phosphate ammoniaco-magnésien, et lorsque l'occasion se présente d'examiner, après la mort, les reins d'un
sujet atteint de la gravelle, on trouve dans les calices, dans
le bassinet, dans l'uretère, une certaine quantité, soit de
sable urique, soit des sels alcalins précédents, lesquels se
montrent sous forme d'un dépôt blanc, amorphe, semblable
à de la craie délayée dans l'eau. Un ou plusieurs petits calculs existent souvent en même temps dans ces organes ; autour d'eux la membrane muqueuse est rouge, enflammée,
couverte d'une exsudation de matière muqueuse et puru-
lente. Les calculs sont uniques ou multiples, anguleux ou
arrondis, lisses ou hérissés d'aspérités plus ou moins sail-
lantes. Les graviers les plus communs qu'on rencontre dans
les reins sont formés d'acide urique, comme la poussière de
la gravelle, d'urate d'ammoniaque ou de phosphate ammoniaco-magnésien. Le poids et le volume des calculs rénaux
proprement dits varient : ainsi ils peuvent offrir les dimensions d'une noisette, d'une noix, d'un gros œuf de poule ou
même être plus gros encore. Les calculs qui s'arrêtent dans
l'uretère sont toujours moins volumineux que ceux qui de-
meurent dans le bassinet ; ils peuvent cependant acquérir
des dimensions de beaucoup supérieures au calibre naturel
de ces conduits. La forme des calculs rénaux est très variée,
en raison du peu de régularité des cavités dans lesquelles ils
se développent ; ils sont arrondis, oblongs, ovalaires, taillés
à facettes, quand ils sont multiples, ou bien présentent des
ramifications, des prolongements à l'aide desquels ils s'en-

foncent dans l'intérieur des calices ou à l'entrée de l'uretère, et qui leur donnent un aspect branchu. Les calculs
sont quelquefois percés à leur centre d'un trou, ou creusés
à leur surface d'une rigole, qui permettent l'écoulement de
l'urine et du pus. Ceux qui sont arrêtés dans l'uretère ont
une forme générale allongée ; ils peuvent d'ailleurs occuper
les différents points de la longueur de ce conduit et exister
à son embouchure, dans le bassinet et vers sa partie
moyenne, ou près de son extrémité vésicale. La couleur ne
varie pas moins que la forme et le volume. Les concrétions
formées dans le rein, que le malade expulse sous forme de
gravelle à mesure qu'elles se produisent, sont généralement
d'une teinte *fauve*, tirant plus ou moins sur le *rouge* ou sur
le *jaune ;* celles qui séjournent et croissent dans le rein
offrent des nuances plus variées ; elles sont *blanches, grises,
jaunes, brunes, noirâtres :* souvent, d'ailleurs, la coloration
n'est pas la même à la surface du calcul et dans son intérieur. La partie centrale qui correspond au noyau du calcul
est alors plus foncée en couleur que les autres parties. —
Les calculs sont homogènes ou bien composés de plusieurs
couches concentriques, emboîtées les unes dans les autres,
dont la couleur ainsi que la composition chimique est souvent différente. Sous le rapport de la consistance, les uns
sont durs comme un caillou, les autres se brisent avec une
grande facilité. La consistance varie d'ailleurs pour un
même calcul, selon qu'il est desséché ou pénétré de liquides.
Examinées au point de vue de leur composition chimique, les
concrétions rénales sont formées de substances qui sont,
pour les principales, l'acide urique pur, l'urate d'ammoniaque, le phosphate d'ammoniaque et de magnésie, les
phosphate, oxalate et carbonate de chaux, l'oxyde cystique, etc. Assez souvent le centre du calcul est formé
d'acide urique, pendant que les couches extérieures sont au

contraire constituées par un sel alcalin, phosphate ammoniaco-magnésien, isolés ou réunis. L'urine devenue alcaline
par le fait de la *pyélite*, que l'existence urique a déterminée,
explique le développement de ces couches successives de
sels alcalins. Les graviers bruns ou d'un brun grisâtre sont
souvent formés d'oxalate de chaux coloré par du sang ou
des matières animales (Rayer). La composition chimique des
calculs influe sur leur consistance. Ceux d'acide urique sont
plus denses et plus durs que ceux formés par des phosphates
alcalins (Civiale). Irrité, enflammé par la présence d'un ou
de plusieurs calculs, le rein est ordinairement augmenté de
volume ; parfois, au contraire, il est atrophié et réduit à une
capsule membraneuse serrée autour d'un calcul ou entièrement vide (Civiale). Le bassinet et les calices peuvent être
eux-mêmes enflammés, leurs parois épaissies, injectées, ulcé-
rées (pyélite calculeuse), ou seulement dilatées. La dilatation se
fait alors à la fois et par la difficulté qu'éprouve l'urine à pas-
ser dans l'uretère ; tantôt l'urine, amassée au-dessus de l'obs-
tacle, dilate en même temps le bassinet, le calice et le rein
lui-même, dont elle refoule et atrophie la substance ; il
en résulte alors cette tumeur liquide connue sous le nom
d'*hydropisie rénale, hydronéphrose* ; d'autres fois la dilatation
est partielle, et porte seulement sur l'uretère, ou sur le bassinet, ou même uniquement sur l'un des calices. M. Rayer
a décrit sous le nom de *kystes urinaires et calculeux* les dila-
tations partielles du rein provenant de l'obstruction du gou-
lot des calices et de leur ouverture dans le bassinet. Les
calculs n'occupent ordinairement qu'un seul uretère, mais
il peut y en avoir plusieurs dans le même conduit (docteur
Trumet).

La gravelle peut exister longtemps sans donner lieu à aucun accident ; on voit beaucoup de personnes rendre fré-
quemment des calculs et même en garder dans les reins de

très volumineux, sans en être sensiblement incommodées : ces calculs se forment quelquefois dans la propre substance du rein, le plus souvent dans son bassinet, et offrent des variétés relatives à leur volume. Les uns sont petits et ressemblent au sable le plus fin, d'autres ont la grosseur de petits pois, etc... ; mais il arrive souvent qu'ils sont évacués avec difficulté ou que leur présence détermine une irritation dans les reins, ordinairement appelée *accès* ou *colique néphrétique*. Alors le malade éprouve une agitation extrême, quelquefois des nausées, des vomissements, une douleur très aiguë dans la région lombaire ; il y a rétraction du testicule, l'urine est supprimée ou rendue en petite quantité, le ventre peu tendu, et l'on s'aperçoit facilement que la vessie contient peu d'urine ; le pouls est fréquent, serré, inégal, parfois imperceptible. Cet état peut cesser et reparaître plusieurs fois en vingt-quatre heures, ou se prolonger pendant plusieurs jours avec des intermittences de courte durée et finir par la mort. Dès que l'accès a cessé, l'urine est limpide, aqueuse, parfois trouble, sanguinolente ; elle coule avec abondance et charrie une plus ou moins grande quantité de calculs rénaux.

Les calculs vésicaux, qui présentent une foule de différences relatives à leur nombre, leur volume, leur figure, etc., descendent quelquefois des reins et des uretères, ou, le plus souvent, se forment dans la cavité de la vessie, tantôt à l'occasion d'un corps étranger qui sert de centre autour duquel les matériaux du calcul se déposent et s'arrangent, tantôt par la concrétion spontanée des sels que contient l'urine.

Les calculs vésicaux causent ordinairement de la douleur et un dérangement dans le cours des urines, qui n'indiquent pas d'une manière certaine l'existence de ces corps étrangers, mais la font soupçonner et engagent à sonder le malade, afin d'acquérir la certitude physique, indispensable pour entreprendre leur extraction. La douleur est d'abord sympathique, les malades la rapportent à l'extrémité de la verge ; le gland devient le siége d'un chatouillement dont la vivacité augmente tous les jours; ces douleurs deviennent quelquefois intolérables au moment où l'excrétion de l'urine s'achève ; elle augmente à la suite d'un mouvement subit, de la descente d'un escalier, du cahotement d'une voiture ; il survient alors des hématuries plus ou moins fortes, les envies d'uriner sont fréquentes, l'urine s'écoule avec un sentiment d'ardeur, son excrétion est quelquefois brusquement interrompue, le malade se consume en efforts inutiles pour la rendre, quelquefois un changement de position en rétablit l'écoulement. L'irritation qu'entraîne la présence du corps étranger dans la vessie s'étend au rectum. Le malade a des envies continuelles d'aller à la garde-robe, il fait des efforts inutiles pour satisfaire ce besoin imaginaire. Cependant les douleurs deviennent plus continues et plus vives, le calcul augmente de volume et, pressant continuellement sur le bas-fond de la vessie, fait éprouver au malade le sentiment d'une pesanteur douloureuse dans la région du rectum ; l'excrétion des urines est de plus en plus pénible, les parois de la vessie s'engorgent et s'épaississent, son intérieur s'ulcère, les urines sont mêlées de sang et de pus ; la fièvre hectique se déclare, et les malades peuvent y succomber.

TRAITEMENT DE LA GRAVELLE ET DES CALCULS
PAR L'ÉTHÉROLÉ DE GENIÈVRE.

Ce traitement repose sur trois indications principales :

1° *Diminuer la quantité d'acide urique formée par les reins.* Les malades devront s'astreindre au régime suivant : Nourriture peu substantielle et boisson étendue d'eau. — Aux repas, prendre une certaine quantité d'aliments féculents et herbacés. — Eviter de se nourrir, dans un même repas, de viande, d'œufs, de poisson, qui se trouvent réunis sur la même table. — Choisir un ou deux de ces mets pour y joindre une proportion de légumes, comme pommes de terre, carottes, salsifis, épinards, laitue, chicorée, betterave. — L'oseille est complétement prohibée, ainsi que la tomate. — Les asperges doivent être mangées en petite quantité; elles ne sont point diurétiques, elles congestionnent les reins, raréfient l'urine et lui donnent une odeur forte.—La boisson habituelle doit être l'eau rougie avec un tiers de vin.—Café étendu d'eau. — Le vin pur sera pris exceptionnellement et en petite quantité. — Jamais d'eau-de-vie ni de liqueurs.

2° *Augmenter la sécrétion de l'urine*, afin que les graviers d'acide urique soient dissous. Le moyen qui se présente naturellement est celui qui consiste à bannir les liqueurs alcooliques concentrées et à boire abondamment: peu importe la nature du liquide, pourvu que l'eau en forme la base.

Les propriétés diurétiques incontestables de l'Ethérolé de genièvre remplissent ici parfaitement cette indication. L'action physiologique de cette substance se porte directement sur les reins, organe sécréteur de l'urine, et augmente la diurèse, qui élimine avec elle les substances non assimilées, qui tendent à devenir des produits morbides.

3° *Favoriser l'expulsion des calculs en dissolvant le mucus qui unit entre eux les sables dont sont formées les concrétions.*

On a dit: les boissons abondantes, en augmentant la quantité de l'urine, ont pour résultat d'entraîner les graviers à mesure qu'ils se forment. Cette prompte expulsion est importante, puisque si les graviers restent dans la vessie, ils peuvent servir de noyau à des calculs. L'exercice à pied ou à cheval, la promenade dans les voitures un peu

rudes, déterminent des secousses très favorables pour faciliter la progression des graviers à travers les conduits urinaires. Ce ne sont guère là que des moyens mécaniques ou
infidèles.

L'Ethérolé de genièvre, qui n'est nullement un remède se-
cret, stimule les organes gastro-intestinaux et principalement
les reins, le foie, la rate, etc., et augmente toutes les sécrétions urinaires et biliaires Il agit comme dissolvant sur le
mucus qui réunit les poussières destinées à devenir des graviers. Il désunit, désagrége les calculs, qui, réduits en poudre, sont expulsés facilement par le canal de l'urètre. Ce
n'est point ici une théorie, mais un fait pratique qui se re-
nouvelle chaque jour, qui a pour lui la sanction du temps et
de l'expérience.

GRAVELLE BILIAIRE. — CALCULS BILIAIRES.

Des concrétions pierreuses peuvent se former dans les
principaux canaux biliaires, dans la vésicule du fiel et même
dans le parenchyme hépatique ; elles se présentent soit sous
forme de *gravelle*, soit sous forme de *calculs biliaires*.

La *gravelle biliaire* se présente sous forme de poussière
plus ou moins ténue et ne diffère des calculs que par le volume et le défaut d'une apparence organisée.

Les *calculs biliaires* sont presque toujours multiples, et on
les compte quelquefois par vingtaines, par centaines. Pour
qu'un calcul n'appartienne pas à la gravelle, dit M. Faucon-
neau-Dufresne [1], il faut au moins qu'il ait une apparence
de la structure que nous allons indiquer, et pour cela il doit
être au-dessus du volume d'une très petite lentille. Le vo-

---

[1] Maladies du foie et du pancréas.

lume des calculs a donc pour point de départ cette dernière
dimension, d'où il s'élève graduellement pour atteindre parfois celle d'un gros œuf de poule; leur poids, qui commu-
nément ne dépasse pas 50 à 60 centigrammes, peut aller
jusqu'à 100 grammes; leur couleur, rarement blanche, rap-
pelle celle de la bile où ils macèrent; elle est en général
grise ou jaune verdâtre, et dépend, du reste, de la quantité
de matière colorante qui leur est combinée; leur figure, s'ils
sont uniques, se rapproche plus ou moins de la forme ronde.
Quand ils sont multiples, les frottements qu'ils exercent les
uns sur les autres les rendent irréguliers, et ils offrent alors
de nombreuses facettes circonscrites par des arêtes mousses.
C'est ainsi qu'ils se comportent dans la vésicule. A l'entrée
du canal cystique, ils sont de forme conique; dans les canaux biliaires, ils sont allongés, comme ces canaux eux-
mêmes. L'expulsion d'un calcul à facettes indique donc qu'il
y en a plusieurs dans la vésicule. Ordinairement fragiles, ils
se réduisent par la pression en une poudre grasse au tou-
cher. Si on les approche d'une bougie, ils prennent feu et
brûlent avec incandescence.

Les calculs renfermés dans la vésicule biliaire peuvent y
séjourner très longtemps sans accident. S'ils y grossissent
et qu'ils s'y multiplient, ils soulèvent quelquefois ce réser-
voir et peuvent être directement sentis chez les sujets mai-
gres. Mais, en général, différents troubles indiquent leur
présence.

La douleur à l'hypocondre droit et au creux épigastrique,
voisin du canal cholédoque, est un des plus constants; elle
est ordinairement sourde, gravative, mais, de temps à autre,
elle présente quelques exacerbations légères que les malades
qualifient de *crampes d'estomac.* Elle se répand dans la partie
correspondante du dos, dans le côté droit du thorax, dans
l'épaule et dans la partie supérieure du bras, du côté droit.

L'appétit est languissant, les digestions lentes, difficiles ; la constipation est habituelle, ou elle alterne avec la diarrhée ; les matières fécales sont décolorées ; l'urine, la peau et les conjonctives gardent une teinte ictérique permanente. Quelques sujets sont pris de vomissements à différents intervalles. En même temps la nutrition languit, l'embonpoint s'efface, la physionomie s'altère. Il y a tendance au découragement, à l'hypocondrie. Les accidents restent modérés pendant un temps variable ; mais, un jour ou l'autre, la douleur s'exaspère, et on voit se déclarer une série de phénomènes aigus qui constituent la *colique hépatique*.

Mais par quel mécanisme un corps étranger peut-il parcourir ainsi les voies biliaires, dépourvues de fibres musculaires ?

On comprend qu'un calcul de l'urètre soit poussé au dehors par le poids de la colonne liquide qui le presse par derrière, et par la contraction du muscle vésical ; qu'un calcul du rein chemine dans l'uretère jusqu'à la vessie, soumis qu'il est d'une manière directe à l'influence de la pesanteur et au poids du liquide qui s'accumule incessamment au-dessus de lui. Mais, de la vésicule à l'origine du canal cholédoque, il n'y a ni contraction musculaire ni colonne liquide pour constituer une *vis à tergo ;* il faut donc chercher ailleurs l'explication du phénomène. Voici celle que donne M. Trousseau (1). Le canal cystique, vivement irrité, s'enflamme ; sa membrane interne sécrète une notable quantité de mucus, qui, d'une part, dilate ce conduit, et qui constitue, d'autre part, une *vis à tergo* accidentelle, à laquelle s'ajoute bientôt le poids d'une colonne de bile quand le calcul a atteint l'origine du canal cholédoque, d'ailleurs plus large lui-même.

(1) *Leçon recueillie en* 1863.

TRAITEMENT.

Il y a déjà quelques années que le professeur Trousseau, dont nous venons de citer le nom, avait prescrit l'éther en capsules contre la gravelle et les calculs biliaires. Il en prescrivait huit, dix et douze par jour. L'Ethérolé de genièvre a une double action physiologique dans ce cas; car si, d'une part, l'éther agit comme anesthésique contre la sensibilité de l'estomac et du duodénum, et comme antispasmodique pour calmer les spasmes des canaux biliaires, d'autre part, l'action physiologique spéciale au genièvre vient empêcher la formation desdites concrétions biliaires ou faciliter leur solubilité.

D'excellents résultats nous ont aussi été donnés par l'Ethérolé de genièvre dans certaines névralgies, et les médecins l'ont employé avec avantage dans la *dysurie*, les *catarrhes chroniques* de la *vessie* et de l'*urètre*, la *néphrite calculeuse*, l'*aménorrhée asthénique*, les *obstructions abdominales*, etc.

Les remèdes de Durande, d'Hufeland, de Bricheteau ; les pilules de Richter, de Lhéritier, de Mentel, de Whitt, etc., etc., ont donné des résultats négatifs dans le traitement de la gravelle, des calculs vésicaux et des calculs biliaires. C'est qu'aucun de ces agents thérapeutiques n'avait la puissance de s'opposer à la formation des calculs et de dissoudre le fluide particulier sécrété par certaines membranes muqueuses. Ce fluide constitue une matière visqueuse, composée d'un liquide gluant, et notamment de cellules épithéliales. C'est cette substance spéciale, ce mucus *sui generis*, qui facilite la formation des concrétions qui se forment, soit dans l'épaisseur des tissus organiques, soit dans des cavités ouvertes ou fermées.

ÉTHÉROLÉ DE GENIÈVRE.

MODE D'EMPLOI ET DOSES.

Afin de dissimuler l'odeur et la saveur peu agréables de l'Ethérolé, nous le renfermons dans de petites capsules de pâte de jujubes.

Pour prendre les capsules, on les place dans une cuillerée d'eau, et on les avale comme s'il s'agissait d'un potage.

On commencera par une ou deux capsules matin et soir ; on augmentera la dose à volonté.

L'Ethérolé de genièvre ne peut jamais être préjudiciable à la santé, quelle que soit la dose à laquelle il est administré. Du reste, pour les doses et l'administration, les malades pourront toujours s'en référer à l'avis de leur médecin.

Prix du flacon, 10 *fr.*

Envoi franco contre un mandat-poste.

NÉCESSAIRE COMPLET

POUR L'ANALYSE DE L'URINE,

A l'usage des malades, contenant les réactifs nécessaires pour déceler les altérations pathologiques de ce liquide (diabète, albuminurie, etc.), l'analyse des sédiments (goutte, gravelle), balance, thermomètre, pèse-urines, microscope, capsule, éprouvette, réchaud à esprit-de-vin, tubes, etc., etc., le tout renfermé dans une boîte.

Prix : 50 *francs.*

Ce nécessaire s'adresse surtout aux personnes non familiarisées avec l'art des manipulations chimiques. A l'aide de la notice explicative accompagnée de planches, les malades peuvent utiliser à leur grand profit les précieuses données de la pathologie urinaire et s'initier aux caractères principaux des différents composés de cette sécrétion. On ne saurait trop conseiller aux goutteux et aux graveleux de répéter avec soin les procédés décrits dans les premiers paragraphes de la Notice, les recherches ultérieures en seront beaucoup facilitées. Ils pourront doser le sucre et l'albumine, étudier sur eux l'action thérapeutique des eaux minérales et se rendre compte des différentes colorations anormales de l'urine, l'expérience ayant démontré que l'état des urines est un point fort important à considérer lorsqu'il s'agit du traitement d'un grand nombre de maladies, et principalement des affections du foie et des reins.

BESANÇON, IMPR. DE J. JACQUIN.